BEI GRIN MACHT SICH IHR WISSEN BEZAHLT

- Wir veröffentlichen Ihre Hausarbeit, Bachelor- und Masterarbeit

- Ihr eigenes eBook und Buch - weltweit in allen wichtigen Shops

- Verdienen Sie an jedem Verkauf

Jetzt bei www.GRIN.com hochladen und kostenlos publizieren

GRIN

Bibliografische Information der Deutschen Nationalbibliothek:

Die Deutsche Bibliothek verzeichnet diese Publikation in der Deutschen National-
bibliografie; detaillierte bibliografische Daten sind im Internet über http://dnb.d-
nb.de/ abrufbar.

Impressum:

Copyright © 2009 GRIN Verlag, Open Publishing GmbH
Druck und Bindung: Books on Demand GmbH, Norderstedt Germany
ISBN: 978-3-668-19849-4

Dieses Buch bei GRIN:

http://www.grin.com/de/e-book/152526/die-wirtschaft-der-usa-im-wandel-unter-
richtsentwurf-im-fach-geographie

Ron Klug

Die Wirtschaft der USA im Wandel. Unterrichtsentwurf im Fach Geographie für eine 9. Klasse

GRIN Verlag

Landesinstitut für Schulqualität und Lehrerbildung Sachsen-Anhalt

Staatliches Seminar für Lehrämter Halle

Lehramt an Gymnasien

Ausführlicher Unterrichtsentwurf für den

2. Besonderen Unterrichtsbesuch

im Fach Geographie

Thema der Unterrichtseinheit: *Menschen prägen ihren Lebensraum unterschiedlich*

- In Angloamerika

Thema der Unterrichtsstunde: *USA – Wirtschaft im Wandel*

Studienreferendar: Ron Klug

Datum: 20.10.2009

Klasse: 9_1

Raum: 118

Uhrzeit: 12:15-13:00 Uhr

Inhaltsverzeichnis

1 Analyse der Lerngruppe

Ich unterrichte die Klasse 9_1 bereits seit dem letzten Schuljahr. Anfangs geschah dies noch im Rahmen des betreuten Unterrichts, danach eigenverantwortlich. Die Klasse besteht aus 21 Schülern, 14 Jungen und 7 Mädchen. Die überwiegende Prägung der Klasse durch die Jungen ist für die Unterrichtspraxis unproblematisch, denn das Klassenklima ist insgesamt ausgeglichen. Das Lehrer-Schülerverhältnis im Geographieunterricht kann als sehr positiv beschrieben werden und es besteht eine gute Kenntnis des Leistungsvermögens der einzelnen Schüler.

Acht Schüler haben einen Migrationshintergrund. Probleme oder wesentliche Einschränkungen bei der Teilnahme am Unterricht haben sich daraus bisher allerdings nicht ergeben. Unter den Schülern mit Migrationshintergrund gibt es eine ebenso breite Streuung im Leistungsvermögen und in der Mitarbeit, wie bei Schülern ohne Migrationshintergrund.

Die erbrachten Leistungen in der Klasse sind oft nur befriedigend bis ausreichend. Die Leistungsspitze mit guten und sehr guten Leistungen bilden Sandra, Carola, Patrick und Moritz. Auffällig ist, dass es eine Reihe von Schülern gibt, die durch gute Mitarbeit ein hohes Interesse am Geographieunterricht zeigen, diese in den schriftlichen Leistungserhebungen aber nicht angemessen umsetzen können. So zum Beispiel Karl, Paul und Tim.

Paul und Tim erfüllen Arbeitsaufträge meist sehr viel schneller als ihre Mitschü-ler. Sie erhalten dann zum Beispiel weiterführende Aufgaben. Dieser Umstand wird auch in der Planung der vorliegenden Stunde Berücksichtigung finden.

Wie sich in Unterrichtsgesprächen und Diskussionsphasen gezeigt hat, liegen die Stärken der Klasse eindeutig im mündlichen Bereich und die Motivation ist erkennbar höher als bei schriftlich zu erbringenden Leistungen. Diesem Umstand wird durch eine regelmäßige Berücksichtung verschiedener Gesprächsformen im Unterricht, aber auch durch die kontinuierliche Förderung schriftlicher Arbeitsphasen Rechnung getragen. So auch in dieser Unterrichtskonzeption.

Des Weiteren zeigten die Schüler bislang eine hohe Motivation und gute Arbeitsergebnisse bei Arbeitsphasen in Partnerarbeit, deshalb wird diese Sozialform auch in der vorliegenden Planung berücksichtigt.

Dass die Klasse aufgrund äußerer Bedingungen seit über zwei Wochen keinen Geographieunterricht mehr hatte, wird ebenfalls in der Planung und Durchführung der Stunde bedacht.

2   Sachanalyse

Der Manufacturing Belt (Industriegürtel) war seit Mitte des 19. Jahrhunderts der wirtschaftliche Kernraum im Nordosten der Vereinigten Staaten von Amerika. In allen westlichen Industriestaaten nimmt jedoch die Bedeutung der weiterverarbeitenden Industrien seit Ende des 2. Weltkriegs stetig ab und die Volkswirtschaften sind durch eine zunehmende Tertiärisierung gekennzeichnet, so auch in den USA.

Dieser Prozess der wirtschaftlichen und gesellschaftlichen Veränderung wirkte sich nachhaltig auf die Struktur und die Verteilung der Industrie aus und wird als wirtschaftlicher Strukturwandel bezeichnet. Der Strukturwandel wird also in einer veränderten räumlichen Organisation und einer Wandlung des Branchengefüges deutlich (vgl. Zimmer 1997, S. 10f.).

Durch Binnenmarktsättigung, Stahlkrise, eine zu einseitig ausgerichtete industrielle Struktur, veraltete Produktions- und Fertigungsmethoden und verstärkte Konkurrenz aus dem Ausland geriet der Manufacturing Belt in eine tiefe Krise und erhielt den Beinamen „Rust Belt" (Rostgürtel). Arbeitslosigkeit, Neustrukturierung und Abwanderung waren die Folge. Seit den 1970er-Jahren fanden Investitionen und Produktinnovationen bereits überwiegend außerhalb des Manufacturing Belts statt. Der Prozess der Deindustrialisierung der traditionellen Industriestandorte wurde neben den als Push-Faktoren wirkenden Missständen auch durch günstige Bedingungen (Pull-Faktoren) in anderen Landesteilen verstärkt (vgl. ebd., S. 11).

So siedelten sich neue Industriegebiete vorrangig im klimatisch begünstigten Sun Belt (alle Gebiete südlich von 37° N) an. Die geringeren Lohnkosten, die Verfügbarkeit günstiger Grundstücksflächen, eine geringe gewerkschaftliche Bindung der Arbeiterschaft, niedrigere Energiekosten, ein vielfältiges Freizeitangebot, eine hohe Lebensqualität und gezielte Fördermaßnahmen des Staates führten zur Entwicklung neuer Wirtschaftsgebiete in den Bundesstaaten der südlichen Appalachen, an der Golfküste und in Kalifornien (Silicon Valley). Auch außerhalb des Sun Belts im Nordwesten (Region Seattle) gab es Wachstumsimpulse. Neben weiterverarbeitender Industrie entwickelten sich vor allem wissens-, forschungs- und kostenintensive Wachstumsindustrien, wie Luft- und Raumfahrttechnik, Computer- u. Telekommunikation, Mikroelektronik, Biotechnologie, chemische Industrie und Logistik sowie Unternehmensdienstleistungen (vgl. Hahn 2002, S. 123). Diese strukturellen Veränderungen wurden durch die hohe Bereitschaft der US-Bevölkerung zur Mobilität gestützt und belegen den Wandel von der Industrie- zur Dienstleistungsgesellschaft.

3 Bezug zu den RRL und Einordnung der Stunde in die Sequenz

Die Unterrichtsstunde ist dem Thema 8.1, „Menschen prägen ihren Lebensraum unterschiedlich – In Angloamerika", zuzuordnen. Zuvor sind bereits die Grundlagen zur räumlichen Orientierung in Angloamerika und naturgeographische sowie kulturelle und historische Aspekte erarbeitet worden. Der geplanten Unterrichtsstunde ging unmittelbar die Erarbeitung der Standortfaktoren und Entwicklung des Manufacturing Belts voraus.

Die Problematik des Strukturwandels in der Wirtschaft ist bereits in Klassenstufe 6 (Thema 3.3 „In Westeuropa") eingeführt worden, wo die Veränderungen im Mittelenglischen Industriegebiet behandelt wurden. Die Schüler haben so bereits eine Vorstellung von der Veränderlichkeit wirtschaftlicher Strukturen und Prozesse erworben.

Dieses Wissen stellt auch eine Grundlage für weiterführende Themen dar. So z.B. in Thema 9.1 „Wirtschaftsraum Deutschland" und in der Sekundarstufe II in Kursthema 2 „Aktionsraum Erde – Disparitäten und Verflechtungen" (KMLSA 2003, S. 103) und in Kursthema 4 „Europa im Wandel" (KMLSA 2003, S. 106f.).

Stellung der Stunde im Thema 8.1 - Menschen prägen ihren Lebensraum unterschiedlich – In Angloamerika

1. u. 2. Stunde	**Räumliche Orientierung** (Topographie, Abgrenzung Kontinent / Kulturerdteil)
3. Stunde	**Großlandschaften** – Faltengebirge, Innere Ebenen, Appalachen, Küstenebene
4. u. 5. Stunde	**Klima und Vegetation** (Tornado, Hurrikan, Blizzard, Southers, Auswirkung von Meeresströmung und Streichrichtung der Gebirge)
6. u. 7. Stunde	**Besiedlung und Ureinwohner** (Etappen der Erschließung; Indianer und Inuit)
8. Stunde	schriftliche Leistungskontrolle
9. Stunde	**USA – Stellung in der Welt**
10. Stunde	**USA – kulturelle Besonderheiten** (Melting Pot, American way of life)
11. Stunde	**USA – Entwicklung und Bedeutung des Manufacturing Belts**
12. Stunde	**USA – Wirtschaft im Wandel** (wirtschaftlicher Strukturwandel, Sun Belt)
13. Stunde	**USA – Landwirtschaft** (Agrobusiness)
14. Stunde	**USA Metropole New York** (Funktion, CBD, Suburbs, ethnische Segregation)
15. Stunde	**USA – Nationalparks** (Schülervortrag)

4 Lernziele

Grobziel der Stunde

Die Schülerinnen und Schüler kennen die Ursachen der Wandlung wirtschaftlicher Strukturen und Prozesse in den USA.

Kognitive Feinziele

- Die Schülerinnen und Schüler kennen die Bedeutung des Manufacturing Belts, indem sie ihr Vorwissen durch Multiple-Choice-Fragen reaktivieren.

- Die Schülerinnen und Schüler kennen die wesentlichen Konstituenten (Push- und Pull-Faktoren) des wirtschaftlichen Strukturwandels in den USA, indem sie sich diese aus einer Textvorlage erschließen.

- Die Schülerinnen und Schüler können die Begriffe Strukturwandel und Sun Belt definieren und kennen die Bedeutung der Mobilität.

Affektive Feinziele

- Die Schülerinnen und Schüler sind durch die Darbietung von Realien motiviert.

- Die Schülerinnen und Schüler festigen ihre Sozialkompetenz, indem sie ihre Arbeitsergebnisse mit einem Partner besprechen.

Instrumentelle Feinziele

- Die Schülerinnen und Schüler festigen ihre Methodenkompetenz, indem sie eine Statistik auswerten.

- Die Schülerinnen und Schüler festigen ihre textanalytischen Fähigkeiten, indem sie einem Sachtext zielgerichtet Informationen entnehmen.

- Die Schülerinnen und Schüler festigen ihre Methodenkompetenz, indem sie auf einer Kartenvorlage Eintragungen vornehmen.

5   Didaktische Überlegungen

Die Vereinigten Staaten von Amerika sind ein hochentwickelter Wirtschaftsraum, der im 20. Jahrhundert einen tiefgreifenden strukturellen Wandel vollzogen hat. Durch die Behandlung des Themas „Wirtschaft im Wandel" erhalten die Schüler Einsicht in die Wandlungsfähigkeit wirtschaftlicher Strukturen und Prozesse, denn sie leben in Deutschland selbst in einem hochentwickelten Industrieland. Das Thema knüpft an bereits vorhandene Wissensbestände an und legt gleichzeitig auch die Grundlage zur Erlangung weiterführender Kenntnisse. Die Entwicklung von der Industriegesellschaft hin zur Dienstleistungsgesellschaft und die Veränderung der industriellen Struktur selbst bleibt in ihrer Spezifik nicht allein auf den Fernraum USA beschränkt, sondern vollzog sich auch im Nahraum, zum Beispiel im mitteldeutschen Industriegebiet oder im Ruhrgebiet.

Allerdings geht die Entwicklung in den USA mit räumlichen Dekonzentrations- und Konzentrationsprozessen einher, die klimatische, politische und gesellschaftliche Ursachen haben. Das Thema befähigt die Schüler somit, Einsicht in die Notwendigkeiten und Sachzwänge der Standortverlagerung und Standortentscheidungen von Wirtschaftsunternehmen zu erhalten, diese einzuordnen und kritisch hinterfragen zu können. Durch die Kenntnis bereits vollzogener Veränderungen in wirtschaftlichen Strukturen und Prozessen wird bei den Schülern eine grundlegende Befähigung zur Partizipation am gesellschaftlichen Diskurs entwickelt, denn aktuelle Ereignisse haben zum Teil ähnliche Wirkungsbedingungen, so zum Beispiel die Standortverlagerungen der kostenintensiven produzierenden Industrie innerhalb des EU-Wirtschaftsraumes in andere EU-Staaten.

Mit Rücksicht auf das Alter der Schüler (14 Jahre) und die Komplexität des Wirkungsgefüges des wirtschaftlichen Strukturwandels wird allerdings auch deutlich, dass die Behandlung des Themas „Wirtschaft im Wandel" einen einführenden Beitrag darstellt, der sich dann gegebenenfalls mit dem Besuch des Geographieunterrichts in der Sekundarstufe II in größere Zusammenhänge einordnen wird, um raumbezogene Handlungskompetenz, das originäre Ziel des Geographieunterrichts, ausprägen.

6 Methodische Überlegungen

Zu Beginn der Unterrichtsstunde erfolgt eine Reaktivierung des Vorwissens zum Manufacturing Belt, da die letzte Unterrichtsstunde des Geographieunterrichts durch Herbstferien und Projekttage bereits 14 Tage zurückliegt. Die Reaktivierung basiert auf Multiple-Choice-Fragen, durch welche die Schüler zum einen ihr Wissen aktivieren und zum anderen im Rahmen eines Leistungsvergleichs in Quiz-Form überprüfen können, wie gut sie vorbereitet sind.

Als Überleitung zum Stundenthema wird den Schülern eine Statistik zur Entwicklung der Industrieproduktion und Bevölkerung im Manufacturing Belt präsentiert, die sie auswerten und wobei sie Vermutungen über mögliche Ursachen äußern. Gleichzeitig wiederholen und festigen sie dabei ihre Methodenkompetenz zur Auswertung von Statistiken.

Nach Ableitung des Stundenthemas werden die Schüler an die folgende Erarbeitungsphase herangeführt, indem der Lehrer eine Übersicht zur Verteilung der neuen Wirtschaftsregionen präsentiert, mit der Zielorientierung, Ursachen für den räumlichen und strukturellen Wandlungsprozess kennen zu lernen. Zur Motivation werden Realien gezeigt, die als Ergebnis des Wandlungsprozesses im Alltag vorzufinden sind.

Dann erarbeiten die Schüler arbeitsteilig die Push-Faktoren des Manufacturing Belts und die Pull-Faktoren des Sun Belts, die den wirtschaftlichen Strukturwandel eingeleitet haben, mit Hilfe eines Sachtextes auf einem Arbeitsblatt. Nach dieser Arbeitsphase sollen sie in einer „Murmelphase" mit ihrem Partner den jeweils fehlenden Teil besprechen. Die leistungsstarken Schüler bekommen jeweils beide Textvorlagen und bearbeiten diese allein. Danach wird eine Ergebnissicherung an der Tafel vorgenommen, wobei die Schüler ihre Arbeitsergebnisse an die Tafel schreiben und dann Informationen komplementär ergänzt werden können.

Anschließend wird die räumliche Entwicklung der neuen Wirtschaftsregionen abgesichert, indem ein Schüler diese mittels Applikationen an der Tafel in einer stummen Karte markiert. Diese Eintragung nehmen dann auch alle Schüler auf der Karte ihres Arbeitsblattes vor.

Eine Zusammenfassung der Unterrichtsinhalte erfolgt über Fragekärtchen, die die Schüler in Los-Form ziehen können und beantworten sollen. Zum Schluss erfolgt die Erteilung einer weiterführenden und differenzierenden Hausaufgabe, die mit Hilfe des Lehrbuches oder einer Recherche im Internet gelöst werden kann.

7   Verzeichnis der verwendeten Literatur

Meinert, Chr. et al. (Hrsg.) (2008): Terra Geographie 9/10, Gymnasium. Sachsen-Anhalt. Stuttgart.

Hahn, R. (2002): USA. Neue Raumentwicklungen oder eine neue Regionale Geographie. Gotha und Stuttgart.

Jahn, G. (Hrsg.) (1998): Seydlitz 3. Neubearbeitung. Gymnasium. Hannover.

KMLSA - Kultusministerium des Landes Sachsen-Anhalt (2003): Rahmenrichtlinien Gymnasium. Geographie, 5-12.

Leser, H. (Hrsg.) (2001): Wörterbuch Allgemeine Geographie. München.

Protze, N. (2005): Regionalgeographisches Arbeiten und Entwicklung von Methodenkompetenz. In: LISA (Hrsg.): Entwicklung von Methodenkompetenz im Geographieunterricht. S. 15-27.

Protze, N. u. M. Colditz (Hrsg.) (2005): Diercke Geographie Klasse 9. Gymnasium, Sachsen-Anhalt. Braunschweig.

Rinschede, G. (2005): Geographiedidaktik. 2. Auflage. Paderborn.

Sdanawitschus, A. u. O. Anders (2008): Terra Aktuell. USA. Texte/Bilder, Grafiken/ Karikaturen. Gotha.

Zimmer, D. (1997): Der Manufacturing Belt in den USA. In: Praxis Geographie, Heft 4/1997, S. 8-12.

8 Anhang

8.1 Verlaufsplan

verwendete Abkürzungen: SuS (Schülerinnen und Schüler); L. (Lehrer); EA (Einzelarbeit); PA (Partnerarbeit); UG (Unterrichtsgespräch); AB (Arbeitsblatt); OHP (Overhead-Projektor); TZF/GZF (Teil-/Gesamtzusammenfassung); L-S-I (Lehrer-Schüler-Interaktion); FU (Frontalunterricht); LB (Lehrbuch)

Zeit	Phase	L-S-Aktivitäten	Sozialform / Methode	Medien
12:15	Einstieg / Reaktivierung	SuS beantworten Multiple-Choice-Fragen zum Manufacturing Belt	EA	AB 1
		Auswertung der Ergebnisse	UG	
12:20	Überleitung	SuS werten Entwicklung der Industrieproduktion u. Bevölkerung im Manufacturing Belt aus, äußern Vermutungen über Gründe der Verlaufskurve	L-S-I	Folie 1, OHP
	Zielorientierung	Überschrift: Wirtschaft im Wandel		
	Hinführung	L. präsentiert Übersicht zur Verteilung der neuen Industrieregionen	FU	Folie 2, OHP, Realien
12:30	Erarbeitung	SuS erarbeiten arbeitsteilig Push- u. Pull-Faktoren zur Entwicklung der neuen Industriegebiete im Sun Belt	EA	Texte + AB 2
12:45	Auswertung / Ergebnissicherung TZF	„Murmelphase", SuS tauschen sich mit ihrem Partner über die Arbeitsergebnisse aus	PA	
		SuS führen ihre Ergebnisse im Tafelbild zusammen und ergänzen ihr Arbeitsblatt		Tafel
bis 12:55		SuS tragen Standorte der neuen Industrieregionen in die Karte ein, 1 Schüler an der Tafel		Tafel, Applikationen, AB 2
	GZF	SuS beantworten Fragen zu erarbeiteten Unterrichtsinhalten		Fragekärtchen
bis 13:00		Erteilung der Hausaufgabe: Recherchiere Probleme des Silicon Valley		LB S. 29 + Internet

8.2 Tafelbild

Manufacturing Belt	USA – Wirtschaft im Wandel 20.10.2009	Sun Belt
Push Faktoren - Überangebot an Stahl - veraltete Technik - Arbeitslosigkeit - Absatzkrise - einseitige Wirtschaftsstruktur - Verelendung („Rust Belt") - steigende Energiekosten - Konkurrenz aus dem Ausland - hohe Umweltbelastung	*Skizze der USA + Applikationen der Industriegebiete und Pfeile der Bevölkerungsbewegung* Strukturwandel: dauerhafte Veränderung der Wirtschaftsstruktur, Wandel von Industrie- zur Dienstleistungsgesellschaft Wachstumsindustrien: chemische Industrie, Luft- u. Raumfahrzeugbau, Computer- u. Informationstechnologie, Freizeit- u. Tourismusindustrie	- Sun Belt = Regionen südl. 37°N Pull-Faktoren - angenehmes Klima - günstige Energie- / Lohnkosten - geringe Mieten / Baukosten - attraktive Freizeitangebote - hohe Lebensqualität - Steuererleichterungen - Ausbau des Verkehrsnetzes - gezielte Forschungsprogramme - hohe Mobilität

Applikationen:

Manufacturing Belt Silicon Valley

südl. Appalachen Nordwesten

Golfküste

Arbeitsblatt (AB 1) – Multiple-Choice-Fragen

Überprüfe dein Wissen zum Manufacturing Belt! Kreuze die richtige Antwort an!

<u>Hinweis</u>: Es können auch mehrere Antworten richtig sein.

1. Der Manufacturing Belt liegt im
a) Nordwesten der USA.
b) Südosten der USA.
c) Nordosten der USA.

2. Der Manufacturing Belt ist
a) der wirtschaftliche Kernraum der USA.
b) ein bekannter Erholungsraum der USA.
c) das größte zusammenhängende Industriegebiet der Erde.

3. Wichtige Voraussetzungen für die Entwicklung des Manufacturing Belts waren
a) Rohstoffe wie Holz, Eisenerz und Steinkohle.
b) die Lage am Atlantik und das Wasser der Großen Seen.
c) das Vorhandensein zahlreicher Arbeitskräfte durch Einwanderung.

4. Bedeutende Zentren der Eisen- und Stahlindustrie waren
a) Chicago und Miami.
b) Chicago und Pittsburgh.
c) Chicago und Los Angeles.

5. Detroit entwickelte sich zum Zentrum
a) der Automobilindustrie.
b) des Schiffbaus.
c) der Nahrungsmittelindustrie.

6. Als die „Big Three" bezeichnet man
a) die Elektronikunternehmen Sony, Microsoft, und Kodak.
b) die Nahrungsmittelproduzenten Coca Cola, Pepsi und Mc Donald's.
c) die Automobilkonzerne Chrysler, Ford und General Motors.

Arbeitsblatt (AB 2)

USA – Wirtschaft im Wandel

Manufacturing Belt – Push Faktoren	Räumliche Verlagerung von Industrie und Bevölkerung	Sun Belt – Pull Faktoren
	[Karte der USA] Strukturwandel: Wachstumsindustrien:	Sun Belt =

USA - Wirtschaft im Wandel

1. Nenne Gründe, die den Strukturwandel
   im Manufacturing Belt eingeleitet haben (Push-Faktoren).
2. Erkläre den Begriff „Strukturwandel".
   (Aufgabe 1 und 2 **schriftlich**)

Strukturwandel im Manufacturing Belt

Diercke Klasse 9, S. 24 u. Seydlitz 3, S.195

Bild 1: Ehemaliges Wohnhaus in Detroit
http://dykstranet.com/wordpress/wp-content/detroit1.jpg

Bild 2: Industrieruine in Detroit
http://www.wsws.org/de/images/dart-j31e.jpg

USA - Wirtschaft im Wandel

1. Nenne Gründe, die die Ansiedlung von
   Wachstumsindustrien im Sun Belt eingeleitet haben (Pull-Faktoren).
2. Erkläre den Begriff „Sun Belt". (Aufgabe 1
   und 2 **schriftlich**)

Neue Industriestandorte im Sun Belt

Diercke Klasse 9, S. 24 u. Seydlitz 3, S.195

Bild 1: Startende Raumfähre
Quelle: Seydlitz 3, 1998, S. 196

Bild 2: Transportables Haus „mobile home"
Quelle: Diercke Klasse 9, 2005, S. 22

Folie 1   Bedeutung des Manufacturing Belt innerhalb der USA
Quelle: Seydlitz 3, 1998, S. 194

Folie 2   Bedeutende Wirtschaftsregionen und Unternehmen in den USA
Quelle: Terra 9/10, 2008, S. 26

Stumme Karte USA
Quelle: Terra Aktuell, USA, 2008, S. 32

Erkläre den Begriff: „wirtschaftlicher Strukturwandel"!	Erkläre den Begriff „Wachstums-industrien"!
Was versteht man unter dem „Sun Belt"?	Nenne die neuen Wirtschafts-regionen!
Nenne die Push-Faktoren für den Strukturwandel !	Nenne die Pull-Faktoren für den Strukturwandel !

8.4 Sitzplan

Klasse 9_1, Raum 118, (7 Mädchen, 14 Jungen)

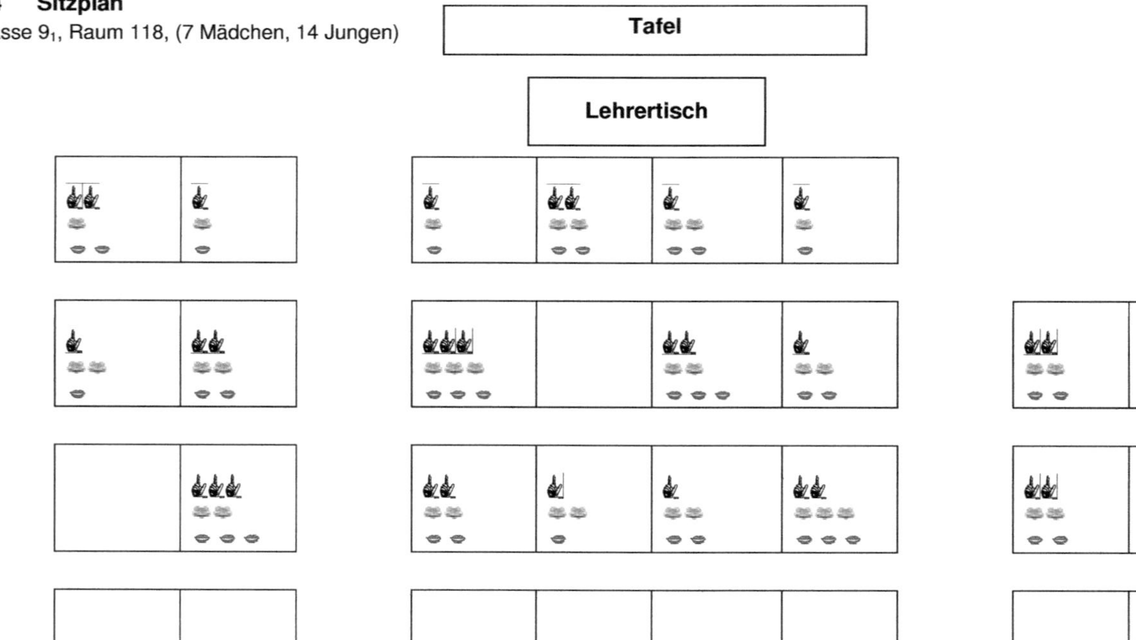

Beteiligungsprofil

häufige, interessenunabhängige Beteiligung; aktiv unterrichtsverfolgend

unregelmäßige, interessengebundene Beteiligung; aktiv unterrichtsverfolgend

seltene Beteiligung, nur nach Aufforderung, passiv unterrichtsverfolgend

Schriftlicher Ausdruck

guter und solider schriftlicher Ausdruck

zufrieden stellende Fähigkeiten

ausreichende Fähigkeiten

Mündlicher Ausdruck

gut bis sehr gut

befriedigend

ausreichend